...ICATIONS DE LA « *RÉVOLTE* »

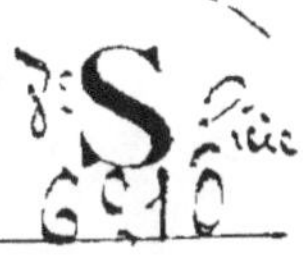

PIERRE KROPOTKINE

L'AGRICULTURE

Première Édition: 8,000 Exemplaires.
Prix 10 Cent.

PARIS
AU BUREAU DE LA « RÉVOLTE »
140, RUE MOUFFETARD, 140

1893.

PIERRE KROPOTKINE

L'AGRICULTURE

Première Édition: 8,000 Exemplaires.

Prix 10 Cent.

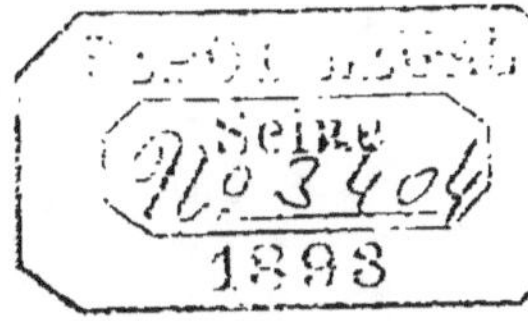

PARIS

AU BUREAU DE LA « RÉVOLTE »

140, RUE MOUFFETARD, 140

1893.

Cette brochure est tirée de *La Conquête du Pain*.

L'AGRICULTURE

I

On a souvent reproché à l'économie politique de tirer toutes ses déductions de ce principe, certainement faux, que l'unique mobile capable de pousser l'homme à augmenter sa force de production est l'intérêt personnel, étroitement compris.

Le reproche est parfaitement juste : tellement juste que les époques des grandes découvertes industrielles et des vrais progrès dans l'industrie sont précisément celles où l'on rêvait le bonheur de tous, où l'on s'est le moins préoccupé d'enrichissement personnel. Les grands chercheurs et les grands inventeurs songeaient surtout à l'affranchissement de l'humanité ; et si les Watt, les Stephenson, les Jacquard, etc., avaient seulement pu prévoir à quel état de misère leurs nuits blanches amèneraient le travailleur, ils auraient probablement brûlé leurs épaves, brisé leurs modèles.

Un autre principe, qui pénètre aussi l'économie politique, est tout aussi faux. C'est l'admission tacite, commune à presque tous les économistes, que, s'il y a souvent surproduction dans certaines branches, une société n'aura néanmoins jamais assez de produits pour satisfaire aux besoins de tous; et que, par conséquent, il n'arrivera jamais un moment où personne ne sera obligé de vendre sa force de travail en échange d'un salaire. Cette admission tacite se retrouve à la base de toutes les théories, de toutes les prétendues « lois » enseignées par les économistes.

Et cependant, il est certain que du jour où une agglomération civilisée quelconque se demanderait quels sont les besoins de tous et les moyens d'y satisfaire, elle s'apercevrait qu'elle possède déjà, dans l'industrie comme dans l'agriculture, de quoi pourvoir largement à tous les besoins, à la condition de savoir appliquer ces moyens à la satisfaction de besoins réels.

Que cela soit vrai pour l'industrie, nul ne le peut contester. Il suffit, en effet, d'étudier dans les grands établissements industriels les procédés déjà en vigueur pour extraire le charbon et les minerais, obtenir l'acier et le façonner, fabriquer ce qui sert au vêtement etc., pour extraire le charbon et les minerais, obtenir l'acier et le façonner, fabriquer ce qui sert au vêtement, etc., pour s'apercevoir que nous pourrions déjà quadrupler notre production et économiser notre travail.

Mais nous allons plus loin. Nous affirmons que l'agriculture est dans le même cas : le laboureur, comme le manufacturier, *possède déjà* les moyens de quadrupler, sinon de décupler sa production, et il pourra le faire dès qu'il en sentira le besoin et procédera à l'organisation sociétaire du travail, en lieu et place de l'organisation capitaliste.

Chaque fois que l'on parle d'agriculture, on s'imagine le paysan courbé sur la charrue, jetant au hasard dans le sol un blé mal trié et attendant avec angoisse ce que la saison, bonne ou mauvaise, lui rapportera; une famille travaillant du matin au soir et n'ayant pour toute récompense qu'un grabat, du pain sec et une aigre boisson. On voit, en un mot, « la bête fauve » de La Bruyère.

Et pour cet homme, assujetti à la misère, on parle tout au plus d'alléger l'impôt ou la rente. Mais on n'ose même pas s'imaginer un cultivateur redressé enfin, prenant des loisirs et produisant en peu d'heures par jour de quoi nourrir, non seulement sa famille, mais cent hommes de plus, au bas mot. Au plus fort de leurs rêves d'avenir, les socialistes ne vont pas au delà de la grande culture américaine qui, au fond, n'est que l'enfance de l'art.

L'agriculteur aujourd'hui a des idées plus larges, des conceptions bien autrement grandioses. Il ne demande qu'une fraction d'hectare pour faire croître toute la nourriture végétale d'une famille; pour nourrir vingt-cinq bêtes à cornes il ne lui faut pas plus d'espace qu'autrefois pour en nourrir une seule; il veut en arriver à *faire* le sol, à défier les saisons et le climat, à chauffer l'air et la terre autour de la jeune plante, à produire, en un mot, sur un hectare ce que l'on ne réussissait pas autrefois à récolter sur cinquante hectares, et cela sans se fatiguer à outrance, en réduisant beaucoup la somme totale du travail antérieur. Il prétend qu'on pourra nourrir tout le monde en ne donnant à la culture des champs que juste ce que chacun peut lui donner avec plaisir, avec joie.

Voilà la tendance *actuelle* de l'agriculture.

**

Tandis que les savants, guidés par Liebig, le créateur de la théorie chimique de l'agriculture, faisaient très souvent fausse route dans leur engouement de théoriciens, des cultivateurs illettrés ont frayé une voie nouvelle de prospérité Des maraîchers de Paris, de Troyes, de Rouen, des jardiniers anglais, des fermiers flamands, des cultivateurs de Jersey, de Guernesey et des îles Scilly nous ont ouvert des horizons si larges que l'œil hésite à les embrasser.

Tandis qu'une famille de paysans devait avoir, au moins, sept ou huit hectares pour vivre des produits du sol, — et on sait comment vivent les paysans, — on ne peut même plus dire quelle est l'étendue minimum de terrain nécessaire pour donner à une famille tout ce que l'on peut retirer de la terre, — y compris le luxe, — en la cultivant selon les procédés de la culture intensive. Chaque jour rétrécit cette limite. Et si on nous demandait quel est le nombre de personnes qui peuvent vivre richement sur l'espace d'une lieue carrée, sans rien importer des produits agricoles du dehors, il nous serait difficile de répondre à cette question. Ce nombre grandit rapidement en proportion des progrès de l'agriculture.

Il y a dix ans, on pouvait déjà affirmer qu'une population de cent millions d'individus vivrait très bien des produits du sol français sans rien importer. Mais aujourd'hui, en voyant les progrès accomplis tout récemment, aussi bien en France qu'en Angleterre, et en contemplant les horizons nouveaux qui s'ouvrent devant nous, nous dirons qu'en cultivant la terre, *comme on la cultive déjà en beaucoup d'endroits, même sur les sols pauvres*, cent millions d'habitants sur les cinquante millions d'hectares du sol français seraient encore une très faible proportion de ce que ce sol pourrait nourrir. La population s'accroîtra d'autant que l'homme s'avisera de demander plus à la terre.

∴

En tout cas, — nous allons le voir, — on peut considérer comme *absolument démontré* que si Paris et les deux départements de Seine et de Seine-et-Oise s'organisaient demain en commune anarchiste, dans laquelle tous travailleraient de leurs bras, et si l'univers entier refusait de leur envoyer un seul setier de froment, une seule tête de bétail, un seul panier de fruits, ne leur laissant que le territoire des deux départements, — ils pourraient produire eux-mêmes, non seulement le blé, la viande et les légumes nécessaires, mais aussi tous les fruits de luxe en des quantités suffisantes pour la population urbaine et rurale.

Et nous affirmons, en outre, que la dépense totale de travail humain serait beaucoup *moindre* que la dépense actuellement, employée à nourrir cette population avec du blé récolté en Auvergne ou en Russie, des légumes produits par la grande culture un peu partout et des fruits mûris dans le Midi.

Il est évident, d'ailleurs, que nous ne prétendons nullement qu'il faille supprimer *tous* les échanges et que chaque région doive s'appliquer à produire précisément ce qui ne croît sous son climat que par une culture plus ou moins artificielle. Mais nous tenons à faire ressortir que la théorie des échanges, telle qu'on la professe aujourd'hui, est singulièrement exagérée ; que beaucoup sont inutiles ou même nuisibles. Nous maintenons, en outre, que l'on ne s'est jamais rendu compte du labeur des vignerons du Midi pour cultiver la vigne, ni de celui des paysans russes ou hongrois pour cultiver le blé, si fertiles que soient leurs prairies et leurs champs. Avec leurs procédés actuels de culture extensive, ils se donnent infiniment plus de mal qu'il n'en faudrait pour obtenir les mêmes produits par la culture intensive, même sous des climats infiniment moins cléments et sur un sol naturellement moins riche.

II

Il nous serait impossible de citer ici la masse des faits
sur lesquels nous basons nos assertions. Nous sommes
donc forcés de renvoyer nos lecteurs pour plus amples
renseignements aux articles que nous avons publiés en
anglais (1). Mais surtout nous invitons très sérieusement
ceux qu'intéresse la question, à lire quelques excellents
ouvrages publiés en France et ailleurs, et dont nous donnons ci-des-sous la liste (2).

Quant aux habitants des grandes villes, qui n'ont encore
aucune idée réelle de ce que peut être l'agriculture, nous

(1) Remarquons que lorsque nos affirmations furent publiées en
Angleterre, elles ne rencontrèrent pas la moindre contradiction.
Elles furent confirmées et même dépassées par le directeur du
Journal d'Horticulture, qui est un horticulteur pratique. Nous
sommes persuadés que les maraîchers français nous donneront aussi
raison.

(2) Consulter la *Répartition métrique des impôts*, par A. Toubeau, 2 vol. publiés par Guillaumin, en 1880. (Nous ne partageons
nullement les conclusions de Toubeau; mais c'est une véritable
encyclopédie, avec indication des sources pour montrer ce que l'on
peut obtenir du sol.) — *La Culture maraîchère*, par M. Ponce,
Paris.1869 — *Le Potager Gressent*, Paris, 1885, excellent ouvrage
pratique. — *Physiologie et culture du blé*, par Risler. Paris. 1886.
— *Le blé, sa culture intensive et extensive*. par Lecouteux. Paris,
1883 — *La Cité Chinoise*, par Eugène Simon. — Le *Dictionnaire
d'agriculture*, de Barral (Hachette éditeur). — *The R thamstead
experiments*. par Wm. Fream, Londres, 1888 (culture sans fu-
mure, etc.) (The *Field* Office éditeur). — *Nineteenth Century*.
juin 1888, et *Forum*, août 1890.

leur conseillons de parcourir à pied les campagnes environnantes et d'en étudier les cultures.

Qu'ils observent, qu'ils causent avec les maraîchers, et tout un monde nouveau s'ouvrira devant eux. Ils pourront ainsi entrevoir ce que sera la culture européenne du XXe siècle ; il comprendront de quelle force sera armée la Révolution sociale quand on connaîtra le secret de prendre à la terre tout ce qu'on lui demandera.

Quelques faits suffiront pour montrer que nos affirmations ne sont nullement exagérées. Nous tenons seulement à les faire précéder d'une remarque générale.

On sait dans quelles conditions misérables se trouve l'agriculture en Europe. Si le cultivateur du sol n'est pas dévalisé par le propriétaire foncier, il l'est par l'Etat. Si l'Etat le rançonne modestement, le prêteur d'argent, qui l'asservit au moyen de billets à ordre, en fait bientôt le simple tenancier d'un sol appartenant en réalité à une compagnie financière.

Le propriétaire, l'Etat et le banquier dévalisent donc le cultivateur, par la rente, l'impôt et l'intérêt. La somme en varie dans chaque pays; mais jamais elle ne tombe au-dessous du quart, très souvent de la moitié du produit brut. En France, l'agriculture paye à l'Etat 44 pour cent du produit brut.

Il y a plus. La part du propriétaire et celle de l'Etat vont toujours croissant. Sitôt que, par des prodiges de labeur, d'invention ou d'initiative, le cultivateur a obtenu de plus fortes récoltes, le tribut qu'il devra au propriétaire, à l'Etat ou au banquier augmentera en proportion. S'il double le nombre d'hectolitres récoltés sur l'hectare, la rente doublera et par conséquent les impôts, que l'Etat s'empressera d'élever encore si les prix montent. Et ainsi de suite. Bref, partout le cultivateur du sol travaille 12 à 16 heures par jour; partout ses trois vautours lui enlèvent tout ce qu'il pourrait mettre de côté; partout ils le dépouillent de ce qui lui permettrait d'améliorer sa culture. Voilà pourquoi l'agriculture reste stationnaire.

Ce sera seulement en des conditions tout à fait exceptionnelles, par suite d'une querelle entre les trois vampires, par un effort d'intelligence ou par un surcroît de travail, qu'il parviendra à faire un pas en avant. Et encore nous n'avons rien dit du tribut que chaque cultivateur paye à l'industriel. Chaque machine, chaque bêche, chaque tonneau d'engrais chimique lui est vendu trois ou quatre fois ce qu'ils coûtent. N'oublions pas non plus l'intermédiaire, qui prélève la part du lion sur les produits du sol.

Voilà pourquoi, durant tout ce siècle d'inventions et de progrès, l'agriculture ne s'est perfectionnée que sur des espaces très restreints, occasionnellement et par soubresauts.

Heureusement, il y a toujours eu de petites enclaves, négligées pendant quelque temps par les vautours; et là nous apprenons ce que l'agriculture intensive peut fournir à l'humanité. Citons-en quelques exemples.

Dans les prairies de l'Amérique (qui d'ailleurs ne donnent que de maigres récoltes, de 7 à 12 hectolitres à l'hectare, et encore des sécheresses périodiques leur nuisent-elles souvent), cinq cents hommes, travaillant seulement pendant huit mois, produisent la nourriture annuelle de 50.000 personnes. Le résultat s'obtient ici par une forte économie de main d'œuvre. Sur ces vastes plaines que l'œil ne peut embrasser, le labour, la récolte, le battage, sont organisés presque militairement, point de va-et-vient inutile, point de perte de temps. Tout se fait avec l'exactitude d'une parade.

C'est la grande culture, la culture extensive, celle qui prend le sol tel qu'il sort des mains de la nature sans chercher à l'améliorer. Quand il aura donné tout ce qu'il peut, on l'abandonnera; on ira chercher ailleurs un sol vierge pour l'épuiser à son tour.

Mais il y a aussi la culture intensive, à laquelle les machines viennent et viendront toujours plus en aide : elle vise surtout à *bien* cultiver un espace limité, à le fumer et l'amender, à concentrer le travail et obtenir le plus grand rendement possible. Ce genre de culture s'étend chaque année, et, tandis qu'on se contente d'une récolte moyenne de 10 à 12 hectolitres dans la grande culture du Midi de la France et sur les terres fertiles de l'Ouest américain, on récolte régulièrement 36, même 50 et quelquefois 56 hectolitres dans le Nord de la France. La consommation annuelle d'un homme s'obtient ainsi sur la surface d'un douzième d'hectare.

Et plus on donne d'intensité à la culture, *moins* on dépense de travail pour obtenir 1 hectolitre de froment. La machine remplace l'homme pour les travaux préparatoires, et l'on fait, une fois pour toutes, telle amélioration du sol, comme le drainage, ou l'épierrage, qui doublera les récoltes à l'avenir. Quelquefois, rien qu'un labour profond permet d'obtenir d'un sol médiocre d'excellentes récoltes d'année en année, sans jamais le fumer. On l'a fait pendant vingt ans à Rothamstead, près de Londres.

Ne faisons pas de roman agricole. Arrêtons-nous à cette récolte de 40 hectolitres, qui ne demande pas un sol exceptionnel, mais simplement une culture rationnelle, et voyons ce qu'elle signifie.

Les 3.600.000 individus qui habitent les deux départements de Seine et de Seine-et-Oise, consomment par année, pour leur nourriture, un peu moins de 8 millions d'hectolitres de céréales, de blé principalement. Dans notre hypothèse, il leur faudrait donc cultiver, pour obtenir cette récolte, 200.000 hectares sur les 610,000 qu'ils possèdent.

Il est évident qu'ils ne les cultiveraient pas à la bêche. Cela demanderait trop de temps (240 journées de 5 heures

par hectare). Ils amélioreraient plutôt le sol une fois pour
toutes : ils draineraient ce qui doit être drainé; aplani-
raient ce qu'il faut aplanir; épierreraient le sol, — dût-on
dépenser à ce travail préparatoire cinq millions de journées de 5 heures, — soit, une moyenne de 25 journées par
hectare.

Ensuite, on labourerait au défonceur à vapeur, ce qui
ferait 4 journées par hectare, et on donnerait encore
4 journées pour labourer à la charrue double. On ne pren-
drait pas la semence au hasard, mais on la trierait à l'aide
de trieuses à vapeur. On ne jetterait pas la semence aux
quatre vents, mais on sèmerait en ligne. Et avec tout cela,
on n'aurait pas encore dépensé 25 journées de 5 heures
par hectare, si le travail se fait en de bonnes conditions.
Mais, que pendant trois ou quatre ans on donne 10 millions de journées à une bonne culture, on pourra plus
tard avoir des récoltes de 40 et de 50 hectolitres, en n'y
mettant plus que la moitié du temps.

On n'aura donc dépensé que quinze millions de journées pour donner le pain à cette population de 3,600,000
habitants. Et tous les travaux seraient tels que chacun
les pourrait faire sans avoir pour cela des muscles d'acier,
ni sans jamais avoir jamais travaillé la terre auparavant.
L'initiative et la distribution générale des travaux vien-
draient de ceux qui connaissent la terre. Quant au travail
même, il n'y a Parisien ni Parisienne si affaiblis qui ne
soient capables, après quelques heures d'apprentissage,
de surveiller les machines ou de contribuer, chacun pour
sa part, au travail agraire.

Eh bien, quand on pense, que dans le chaos actuel, il
y a, sans compter les désœuvrés de la haute pègre, près
de cent mille hommes qui chôment dans leurs divers
métiers, on voit que la force *perdue* dans notre organisation actuelle suffirait seule pour donner par une culture
rationnelle, le pain nécessaires aux 3 ou 4 millions d'habitants des deux départements.

Nous le répétons, ceci n'est pas du roman. Et nous
n'avons même pas parlé de la culture vraiment intensive
Nous n'avons pas tablé sur ce blé (obtenu en trois ans par
M. Hallett), dont un seul grain repiqué produisit une

touffe portant plus de 10,000 graines, ce qui permettrait, au besoin, de récolter tout le blé pour une famille de 5 personnes sur l'espace d'une centaine de mètres carrés. Nous n'avons cité, au contraire, que ce qui se fait déjà par de nombreux fermiers en France, en Angleterre, en Belgique, etc., — et ce qui pourrait se faire dès demain avec l'expérience et le savoir déjà acquis, par la pratique en grand.

*
* *

Mais sans la Révolution, cela ne se fera ni demain ni après-demain, parce que les détenteurs du sol et du capital n'y ont aucun intérêt, et parce que les paysans qui y trouveraient bénéfice n'ont ni le savoir, ni l'argent, ni le temps de se procurer les avances nécessaires.

La société actuelle n'en est pas encore là. Mais que les Parisiens proclament la Commune anarchiste et ils y viendront forcément, parce qu'ils n'auront pas la bêtise de continuer à faire de la bimbeloterie de luxe (que Vienne, Varsovie et Berlin font déjà tout aussi bien) et ne s'exposeront pas à rester sans pain.

D'ailleurs, le travail agricole, aidé de machines, deviendrait bientôt la plus attrayante et la plus joyeuse de toutes les occupations.

Assez de joaillerie ! assez d'habillements de poupées ! On irait se retremper dans le travail des champs, y chercher la vigueur, les impressions de la nature, « la joie de vivre », que l'on avait oubliées dans les sombres ateliers des faubourgs.

Au moyen âge les pâturages alpins, mieux que les arquebuses, avaient permis aux Suisses de s'affranchir des seigneurs et des rois. L'agriculture moderne permettra à la cité révoltée de s'affranchir des bourgeoisies coalisées.

III

Nous avons vu comment les trois millions et demi
d'habitants de deux départements trouveraient amplement
le pain nécessaire, rien qu'en cultivant un tiers de leur
territoire. Passons maintenant au bétail.

Les Anglais qui mangent beaucoup de viande en consomment une quantité moyenne un peu moindre de
100 kilogrammes par personne adulte et par an : en sup-
posant que toutes les viandes consommées soient du
bœuf. cela fait un peu moins d'un tiers de bœuf. Un
bœuf par an pour cinq personnes (y compris les enfants)
est déjà une ration suffisante. Pour 3 millions et demi
d'habitants cela ferait une consommation annuelle de
700,000 têtes de bétail.

Eh bien, aujourd'hui, avec le système de pacage, il faut
avoir, au bas mot. 2 millions d'hectares pour nourrir
660,000 têtes de bétail.

Cependant, avec des prairies très modestement arrosées
au moyen d'eau de source (comme on en a créé récemment sur des milliers d'hectares dans le Sud-Ouest de la
France), 500,000 hectares suffisent déjà. Mais si l'on pratique la culture intensive, en faisant pousser la betterave
comme nourriture, il ne faut plus qu'un quart de cet
espace, c'est-à-dire 125,000 hectares. Et quand on a recours au maïs et que l'on fait de l'ensilage comme les

Arables, on obtient tout le fourrage nécessaire sur une surface de 88,000 hectares.

Aux environs de Milan, où l'on utilise les eaux d'égout pour irriguer les prairies, on obtient sur une surface de 5.000 hectares arrosés, la nourriture de 4 à 6 bêtes à cornes par hectare; et sur quelques lopins favorisés, on a récolté jusqu'à 45 tonnes de foin sec à l'hectare, ce qui fait la nourriture annuelle de 9 vaches à lait. Trois hectares par tête de bétail en pacage, et neuf bœufs ou vaches sur un hectare, — voilà les extrêmes de l'agriculture moderne.

Dans l'île de Guernesey, sur un total de 4,000 hectares utilisés, près de la moitié (1,900 hectares) sont couverts de céréales et de potagers. 2.100 seulement restent pour les prés; sur ces 2.100 hectares on nourrit 1,480 chevaux, 7.260 têtes de bétail, 900 moutons et 4,200 cochons, ce qui fait plus de 3 têtes de bétail par hectare, sans compter les chevaux, les moutons et les porcs. Inutile d'ajouter que la fertilité du sol est *faite* par les amendements de varechs et d'engrais chimiques.

Revenant à nos trois millions et demi d'habitants de l'agglomération de Paris, on voit que la surface exigée pour l'élève du bétail descend de deux millions d'hectares à 80,000. Eh bien; ne nous arrêtons pas aux chiffres les plus bas; prenons ceux de la culture intensive ordinaire; ajoutons largement le terrain nécessaire au menu bétail qui doit remplacer une partie des bêtes à cornes, et donnons 160.000 hectares à l'élève du bétail, — 200.000 si l'on veut, sur les. 410.000 hectares qui nous restent, après avoir pourvu au pain de à la population.

Soyons généreux et donnons cinq millions de journées pour mettre cet espace en production.

Donc, après avoir employé dans le courant de l'année vingt millions de journées de travail, dont la moitié pour des améliorations permanentes, nous aurons le pain et la viande assurés, non compris toute la viande supplémentaire que l'on peut obtenir sous forme de volailles, de cochons engraissés, de lapins. etc.. sans compter qu'une population pourvue d'excellents légumes et de fruits consommera beaucoup moins de viande que l'Anglais, qui supplée par la nourriture animale à la pauvreté de son menu végétal. Cependant vingt millions de journées de 5 heures combien cela fait-il par habitant? — Bien peu de chose en réalité. — Une population de 3 millions et demi doit avoir, pour le moins 1,200,000 hommes adultes capables de travailler, et autant de femmes. Eh bien, pour assurer le pain et la viande à tous, il ne faudrait donc pas plus de 17 journées de travail par an, pour les hommes seulement. Ajoutez encore trois millions de journées pour avoir le lait et doublez-les si vous voulez. Cela fera en tout *25 journées de 5 heures — simple affaire de s'amuser un peu dans les champs — pour obtenir ces trois produits principaux : pain, viande et lait:* ces trois produits qui, après le logement, font la préoccupation principale, quotidienne, des neuf dixièmes de l'humanité.

Et cependant, — ne nous lassons pas de le répéter, — nous n'avons pas fait du roman. Nous avons raconté ce qui *est*, ce qui a obtenu la sanction de l'expérience en grand. L'agriculture pourrait *dès demain* être réorganisée, de cette façon si les lois de la propriété et l'ignorance générale ne s'y opposaient.

Le jour où Paris aura compris que savoir ce qu'on mange et comment on le produit est une question d'intérêt public; le jour où tout le monde aura compris que cette question est infiniment plus importante que les débats du parlement ou du conseil municipal, — ce jour-là la Révolution sera faite. Paris saisira les terres des deux départements et les cultivera. Et alors, après avoir donné pendant toute sa vie un tiers de son existence pour *acheter* une nourriture insuffisante et mauvaise, le Parisien la produira lui-même, sous ses murs, dans l'enclos des forts, (s'ils existent encore), en quelques heures d'un travail sain et attrayant.

.·.

Et maintenant, passons aux fruits et aux légumes. Sortons de Paris et allons visiter un de ces établissements de culture maraîchère qui font, à quelques kilomètres des

académies, des prodiges ignorés par les savants économistes. Arrêtons-nous, par exemple, chez M. Ponce, l'au-
teur d'un ouvrage sur la culture maraîchère, qui ne fait
pas secret de ce que la terre lui rapporte et qui l'a raconté
tout au long.

M. Ponce, et surtout ses ouvriers, travaillent comme
des nègres. Ils sont huit à cultiver un peu plus d'un hectare (onze dizièmes). Ils travaillent certainement douze et
quinze heures par jour, c'est-à-dire trois fois plus qu'il
ne faut. Ils seraient vingt-quatre, qu'ils ne seraient pas
trop. A quoi M. Ponce nous répondra probablement que,
puisqu'il paye la somme effroyable de 2,500 francs par an
de rente et d'impôts pour ses 11,000 mètres carrés de terrain, et 2,500 francs pour le fumier acheté dans les ca-
sernes, il est forcé de faire de l'exploitation. « Exploité,
j'exploite à mon tour », serait probablement sa réponse.
Son installation lui a aussi coûté 30,000 francs, sur lesquels certainement plus de la moitié en tribut aux barons
fainéants de l'industrie. En somme, cette installation représente au plus 3,000 journées de travail, — probablement beaucoup moins.

Mais voyons ses récoltes : 10,000 kilos de carottes,
10,000 kilos d'oignons, de radis et autres petits légumes,
6,000 têtes de choux, 3,000 choux-fleurs, 5,000 paniers de
tomates, 5,000 douzaines de fruits choisis, 154,000 salades,
bref, un total de 125,000 kilos de légumes et de fruits sur
un hectare et un dixième — 110 mètres de long et 100
mètres de large. Ce qui fait plus de *110 tonnes de légumes
à l'hectare.*

Mais un homme ne mange pas plus de 300 kilos de légumes et de fruits par an, et l'hectare d'un maraîcher donne
assez de légumes et de fruits pour servir richement la table
de 350 adultes durant toute l'année. Ainsi, 24 personnes,
s'employant toute l'année à cultiver un hectare de terre,
mais n'y donnant plus que cinq heures par jour, produi-
raient assez de légumes et de fruits pour 350 adultes, ce
qui équivaut, au moins, à 500 individus.

Autrement dit, en cultivant comme M. Ponce. — et ses
résultats sont déjà dépassés, — 350 adultes devraient
donner chacun un peu plus de 100 heures par année (103)

pour procurer les légumes et les fruits nécessaires à 500 personnes.

.·.

Remarquons qu'une production pareille n'est pas l'exception. Elle se fait sous les murs de Paris, sur une surface de 900 hectares, par 5,000 maraîchers. Seulement, ces maraîchers sont réduits à l'état de bêtes de somme, pour payer *une rente moyenne de deux mille francs par hectare.*

Mais ces faits, que chacun peut vérifier, ne prouvent-ils pas que 7,000 hectares (sur les 210.000 qui nous restent) suffiraient pour donner tous les légumes possibles, ainsi qu'une bonne provision de fruits, aux trois millions et demi d'habitants de nos deux départements?

Quant à la quantité de travail nécessaire pour produire ces fruits et ces légumes, elle atteindrait le chiffre de 50 millions de journées de cinq heures (une cinquantaine de journées par adulte mâle), si nous prenions pour mesure le travail des maraîchers. Mais nous allons voir tout à l'heure cette quantité se réduire si l'on a recours aux procédés en vogue à Jersey et à Guernesey. Nous rappellerons seulement que le maraîcher n'est forcé de tant travailler que parce qu'il produit surtout des primeurs, dont le prix élevé sert à payer des baux fabuleux, et que ses procédés mêmes réclament plus de travail qu'il n'en faut en réalité. N'ayant pas les moyens de faire de fortes dépenses pour son installation, obligé de payer très cher le verre, le bois, le fer et la houille, il a demandé au fumier la chaleur artificielle que l'on peut avoir à moins de frais par la houille et la serre chaude.

IV

Les maraîchers, disions-nous, sont contraints de se réduire à l'état de machines et de renoncer à toutes les joies de la vie pour obtenir leurs récoltes fabuleuses. Mais ces rudes piocheurs ont rendu à l'humanité un immense service en nous apprenant que l'on *fait* le sol.

Ils le font, eux, avec les couches de fumier qui ont déjà servi à donner aux jeunes plantes et aux primeurs la chaleur nécessaire. Ils font le sol en si grandes quantités qu'ils sont forcés de le revendre en partie. Sans cela, leurs jardins s'exhausseraient chaque année de 2 à 3 centimètres. Ils le font si bien — (c'est Barral, dans le *Dictionnaire d'Agriculture*, à l'article *Maraîchers*, qui nous l'apprend). — que dans les contrats récents, le maraîcher stipule qu'il *emportera son sol avec lui*, lorsqu'il abandonnera la parcelle qu'il cultive. Le sol emporté sur des chars, avec les meubles et les châssis — voilà la réponse que les cultivateurs pratiques ont donnée aux élucubrations d'un Ricardo, qui représentait la rente comme un moyen d'égaliser les avantages naturels du sol. « Le sol vaut ce que vaut l'homme » — telle est la devise des jardiniers.

*
* *

Et cependant, les maraîchers parisiens et rouennais se fatiguent trois fois plus que leurs frères de Guernesey et d'Angleterre pour obtenir les mêmes résultats. Appliquant l'industrie à l'agriculture, en plus du sol, ceux-ci font le climat.

En effet, toute la culture maraîchère est basée sur ces deux principes :

1° Semer sous châssis, élever les jeunes plantes dans un sol riche, sur un espace limité, où l'on puisse les bien soigner et les repiquer plus tard, quand elles auront bien développé le chevelu de leurs racines. Faire, en un mot, ce que l'on fait pour les animaux : leur donner des soins dans leur jeune âge.

Et 2°, pour mûrir les récoltes de bonne heure, chauffer le sol et l'air, en couvrant les plantes de châssis ou de cloches et en produisant dans le sol une forte chaleur par la fermentation du fumier.

Repiquage, et température plus élevée que celle de l'air, — voilà l'essence de la culture maraîchère, une fois que le sol a été fait artificiellement,

Ainsi que nous l'avons vu, la première de ces deux conditions est déjà mise en pratique et demande seulement quelques perfectionnements de détail. Et pour réaliser la seconde il s'agit de chauffer l'air et la terre en remplaçant le fumier par l'eau chaude circulant dans des tuyaux de fonte, soit dans le sol sous des châssis, soit à l'intérieur des serres chaudes.

*
* *

C'est ce que l'on fait déjà. Le maraîcher parisien demande déjà au *thermo-syphon* la chaleur qu'il demandait jadis au fumier. Et le jardinier anglais bâtit la serre chaude.

Jadis, la serre chaude était le luxe du riche. On la réservait aux plantes exotiques ou d'agrément. Mais aujourd'hui elle se vulgarise. Des hectares entiers sont couverts de verre dans les îles de Jersey et de Guernesey, sans compter les milliers de petites serres chaudes que l'on voit à Guernesey dans chaque ferme, dans chaque jardin. Aux environs de Londres on commence à couvrir de verre des champs entiers, et des milliers de petites serres chaudes s'installent chaque année dans les faubourgs.

On en fait de toute qualité, depuis la serre aux murs de granit, jusqu'au modeste abri clôturé en planches de sapin et à toiture de verre, qui malgré toutes les sangsues capitalistes, ne coûte pas plus de 4 à 5 francs le mètre carré. On les chauffe ou on ne les chauffe pas du tout (l'abri seul suffit, tant qu'on ne vise pas à produire des primeurs); et on y fait pousser, — non plus des raisins ni des fleurs tropicales, — mais des pommes de terre, des carottes, des pois ou des flageolets.

On s'émancipe ainsi du climat. On se dispense du travail laborieux des couches; on n'achète plus d'amas de fumier, dont les prix montent en proportion de la demande croissante; et l'on supprime en partie le travail humain: sept ou huit hommes suffisent pour cultiver l'hectare sous verre et pour obtenir les mêmes résultats que chez M. Ponce. A Jersey, sept hommes, travaillant moins de 60 heures par semaine, obtiennent sur des espaces infinitésimaux, des récoltes qui jadis demandaient des hectares de terrain.

On pourrait donner des détails frappants à ce sujet. Bornons-nous à un seul exemple. A Jersey, 34 hommes de peine et un jardinier, cultivant un peu plus de 4 hectares sous verre (mettons 70 hommes n'y travaillant que 5 heures par jour) obtiennent d'année en année les récoltes suivantes: 25,000 kilos de raisin coupé dès le 1er mai, 80,000 kilos de tomates, 30,000 kilos de pommes de terre en avril, 6,000 kilos de pois et 2,000 kilos de flageolets coupés en mai — soit 143,000 kilos de fruits et de légumes, sans compter une deuxième récolte, très forte, dans certaines serres, ni une

immense serre d'agrément, ni toute sorte de petites cultures en pleine terre, entre les serres chaudes. Nous avons
visité nous-même cet établissement.

Cent quarante-trois tonnes de fruits en primeurs! de
quoi nourrir largement plus de 1,500 personnes, durant
toute l'année. Et cela ne demande que 21,000 demi-journées de travail, — soit 210 *heures par an* pour la moitié
seulement des adultes.

Ajoutez-y l'extraction de 1,000 tonnes environ de charbon (c'est ce que l'on brûle par an dans ces serres, pour
chauffer 4 hectares) et l'extraction moyenne étant en Angleterre de 3 tonnes par journée de dix heures et par ou-
vrier, cela fait un travail supplémentaire de six à sept
heures par an pour chacun des cinq cents adultes.

Somme toute, si la moitié seulement des adultes donnait une cinquantaine de demi-journées par an à la culture
des fruits et des légumes *hors saison*, tous pourraient
manger toute l'année des fruits et des légumes de luxe à
satiété, quant bien même on ne les obtiendrait qu'en serre
chaude. Et ils auraient, en même temps, comme deuxième
récolte dans les mêmes serres, la plupart des légumes ordinaires qui, dans les établissements comme celui de M.
Ponce, demandent, nous l'avons vu, cinquante journées de
travail.

*
* *

Nous venons de voir la culture de luxe. Mais nous avons
déjà dit que la tendance actuelle est de faire de la serre
chaude un simple potager sous verre. Et quand on l'applique à cet usage, on obtient avec des abris de verre extrê-
mement simples, chauffés légèrement pendant trois mois,
des récoltes fabuleuses de légumes: par exemple, 450 hectolitres de pommes de terre à l'hectare, comme première
récolte à la fin d'avril. Après quoi, ayant amendé le sol, on

fait pousser de nouvelles récoltes, de mai à fin octobre·
dans une température presque tropicale, due à l'abri de
verre.

Aujourd'hui pour obtenir 450 hectolitres de pommes de
terre, il faut labourer chaque année une surface de 20 hectares ou plus, planter et plus tard rechausser les plants,
arracher les mauvaises herbes à la houe; et ainsi de suite.
On sait ce que cela demande de peine. Avec l'abri de verre,
on emploiera, peut-être, pour commencer, une demi-jour-
née de travail par mètre carré. Mais, cette première beso-
gne occomplie, on économisera la moitié, sinon les trois
quarts du travail à venir.

Voilà des *faits*, voilà des résultats obtenus. vérifiés, bien
connus, dont chacun peut se persuader en visitant les cultures. Et ces faits. ne sont ils pas déjà suffisants pour donner une idée de ce que l'homme peut obtenir du sol s'il le
traite avec intelligence?

V

Dans tous nos raisonnements nous avons tablé sur des précédents admis déjà et en partie mis en pratique. La culture intensive des champs, les plaines arrosées par les eaux d'égout, l'horticulture maraîchère, enfin le potager sous verre, sont des réalités. Ainsi que Léonce de Lavergne l'avait prévu, il y a trente ans, la tendance de l'agriculture moderne est de réduire autant que possible l'espace cultivé, de créer le sol et le climat, de concentrer le travail et de réunir toutes les conditions nécessaires à la vie des plantes.

Cette tendance est née du désir de réaliser de fortes sommes d'argent sur la vente des primeurs. Mais depuis que les procédés de culture intensive sont trouvés, ils se généralisent et s'étendent aux légumes les plus communs, parce qu'ils permettent de se procurer *plus* de produits avec *moins* de travail et plus de sécurité.

En effet, après avoir étudié les abris de verre les plus simples de Guernesey, nous affirmons que, tout compte fait, on dépense *beaucoup moins* de travail pour obtenir sous verre, en avril, des pommes de terre qu'on n'en dépense pour avoir sa récolte trois mois plus tard, en plein air, en bêchant un espace cinq fois plus grand, en l'arrosant, en extirpant les mauvaises herbes, etc. De même on économise sur le travail en employant un outil ou une machine perfectionnés alors même qu'il faut une dépense préalable pour acheter l'outil.

∴

Des chiffres complets concernant la culture des légumes communs sous verre nous manquent encore. Cette culture est d'origine récente et ne se fait que sur de petits espaces. Mais nous avons des chiffres concernant la culture, déjà vieille d'une trentaine d'années, d'un fruit de luxe, le raisin ; et ces chiffres sont concluants.

Dans le Nord de l'Angleterre, sur la frontière d'Ecosse, où le charbon ne coûte que 4 francs la tonne à la bouche du puits, on se livre depuis longtemps à la culture du raisin en serre chaude. Il y a trente ans, ces raisins, mûrs en janvier se vendaient par l'obtenteur, à raison de 25 francs la livre et on les revendait 50 francs pour la table de Napoléon III. Aujourd'hui, le même producteur ne les vend plus que 3 francs la livre. Il nous l'apprend lui-même dans un article récent d'un journal d'horticulture. C'est que maintenant, des tonnes et des tonnes de raisin arrivent en janvier à Londres et à Paris. Grâce au bon marché du charbon et à une culture intelligente, le raisin en hiver croît au nord et fait son voyage, en sens contraire des fruits ordinaires, vers le midi. En mai, les raisins anglais et ceux de Jersey sont vendus 2 francs la livre par les jardiniers, et encore ce prix, comme celui de 50 francs d'il y a trente ans, ne se maintient que par la faiblesse de la production. En octobre, les raisins cultivés en immenses quantités aux environs de Londres, — toujours sous verre, mais avec un peu de chauffage artificiel, — se vendent au même prix que les raisins achetés à la livre dans les vignes de la Suisse ou du Rhin, c'est-à-dire pour quelques sous. C'est encore trop cher des deux tiers, par suite de la rente excessive du sol, des frais d'installation et de chauffage, sur lesquels le jardinier paye un tribut formidable à l'industriel et à l'intermédiaire. Ceci expliqué, on peut dire qu'il ne coûte *presque rien* d'avoir en automne des raisins délicieux sous la latitude et le climat brumeux de Londres. Dans un de ses faubourgs par exemple, un méchant abri de verre et de plâtre, appuyé contre notre maisonnette, et long de trois mètres sur deux de large, nous donne en octobre, chaque année, depuis 'rois ans, près de 50 livres de raisin d'un goût exquis. La récolte provient d'un cep de vigne, âgé de six ans (1). Et l'abri est si mauvais qu'il pleut à travers. La nuit, la température y est toujours celle du dehors. Il est évident qu'on ne le chauffe pas, autant vaudrait chauffer la rue ! Et les soins à donner sont : la taille de la vigne, pendant une demi-heure par an, et l'apport d'une brouettée de fumier que l'on renverse au pied du cep, planté dans l'argile rouge en dehors de l'abri.

Si l'on évalue, d'autre part, les soins minutieux donnés à la vigne sur les bords du Rhin ou du Léman, les terrasses construites pierre à pierre sur les pentes des coteaux, le transport du fumier et souvent de la terre à une hauteur de deux à trois cents pieds, on arrive à la conclusion qu'en somme, la dépense de travail nécessaire pour cultiver la vigne est plus considérable en Suisse ou sur les bords du Rhin qu'elle ne l'est sous verre, dans les faubourgs de Londres.

Cela peut paraître paradoxal parce que l'on pense généralement que la vigne pousse d'elle-même dans le midi de l'Europe et que le travail du vigneron ne coûte rien. Mais les jardiniers et les horticulteurs, loin de nous démentir, confirment nos assertions. « La culture la plus avantageuse en Angleterre est la culture de la vigne »' dit un jardinier pratique, le rédacteur du *Journal d'Horticulture* anglais. Les prix d'ailleurs, ont, on le sait, leur éloquence.

*
* *

Traduisant ces faits en langage communiste, nous pouvons affirmer que l'homme ou la femme qui prendront sur leurs loisirs *une vingtaine d'heures par an,* pour

---

(1) La vigne elle-même représente les recherches patientes, de deux ou trois générations de jardiniers. C'est une variété de Hambourg, admirablement adaptée aux hivers froids. Elle a besoin de gelée en hiver pour que le bois mûrisse.

ꞁonner quelques soins, — très agréables au fond, — à deux ou trois ceps de vignes abrité d'un simple verre sous n'importe quel climat de l Europe, récolteront autant de raisins qu'on en peut manger dans sa famille et entre amis. Et, cela s'applique non seulement aux produits de la vigne, mais à ceux de tous les arbres fruitiers.

Telle commune qui pratiquera en grand les procédés de la petite culture aura tous les légumes possibles, indigènes ou exotiques, et tous les fruits désirables, sans y employer plus de quelques dizaines d'heures par année et par habitant.

Ce sont des faits que l'on peut vérifier dès demain. Il suffirait qu'un groupe de travailleurs suspendît pendant quelques mois la production de certains objets de luxe, et donnât son temps à la transformation de cent hectares de la plaine de Gennevilliers en une série de jardins potagers, chacun avec sa dépendance d'abris de verre chauffés, pour les semis et les jeunes plantes; qu'il couvrît en outre cinquante hectares de serres chaudes économiques, pour l'obtention des fruits, laissant évidemment le soin des détails d'organisation à des jardiniers et des maraîchers expérimentés.

En se basant sur la moyenne de Jersey, qui nécessite le travail de 7 à 8 hommes par hectare sous verre, — ce qui fait moins de 24,000 heures de travail par an, — l'entretien de ces 150 hectares réclamerait chaque année environ 3,600,000 heures de travail. Cent jardiniers compétents pourraient donner à ce travail cinq heures par jour, et le reste serait fait tout simplement par des gens qui, sans être jardiniers de profession, sauraient manier la bêche, le râteau, la pompe d'arrosage, ou surveiller un fourneau.

Ce travail donnerait au bas mot, — nous l'avons vu dans un chapitre précédent, — tout le nécessaire et le luxe possibles en fait de fruits et de légumes pour 75,000 ou 100,000 personnes au moins. Admettez qu'il y ait dans ce nombre 36,000 adultes désireux de travailler au potager. Chacun aurait donc à consacrer cent heures par an, réparties sur toute l'année. Ces heures de travail deviendraient des heures de récréation passées entre amis, avec les enfants, dans des jardins superbes, plus beaux probablement que ceux de la légendaire Sémiramis (1).

Voilà le bilan de la peine à prendre pour pouvoir manger à satiété des fruits dont nous nous privons aujourd'hui, et pour avoir en abondance tous les légumes que la mère de famille rationne si scrupuleusement lorsqu'il lui faut compter les sous dont elle enrichira le rentier et le vampire-propriétaire.

Ah ! si l'humanité avait seulement la conscience de ce qu'elle *peut*, et si cette conscience lui donnait seulement la force de *vouloir* !

Si elle savait que *la couardise de l'esprit* est l'écueil sur lequel toutes les révolutions ont échoué jusqu'à ce jour !

---

(1) Récapitulant les chiffres qui ont été donnés sur l'agriculture, chiffres prouvant que les habitants des deux départements de Seine et Seine-et-Oise peuvent parfaitement vivre sur leur territoire en n'employant annuellement que fort peu de temps pour en obtenir la nourriture, nous avons :

Départements de Seine et Seine-et-Oise :

Nombre d'habitants en 1886.	3.600.000
Superficie en hectares.	610.000
Nombre moyen d'habitants par hectare.	5.90

Surfaces à cultiver pour nourrir les habitants (en hectares) :

Blés et céréales.	200.000
Prairies naturelles et artificielles.	200.000
Légumes et fruits, 7,000 à.	10.000
Reste pour maisons, voies de communications, parcs, forêts	200.000

Quantité de travail annuel nécessaire pour améliorer et cultiver les surfaces ci-dessus (en journées de travail de 5 heures) :

Blé (culture et récolte).	15.000.000
Prairies, lait, élevage du bétail.	10.000.000
Culture maraîchère, fruits de luxe. etc.	33.000.000
Imprévu.	12.000.000
Total.	70.000.000

Si on suppose que la moitié seulement des adultes valides (hommes et femmes) veuille s'occuper d'agriculture, on voit qu'il faut répartir 70 millions de journées de travail entre 1.200 000 individus. Ce qui donne *par an cinquante-huit journées de travail de 5 heures pour chacun de ces travailleurs.*

VI

On entrevoit aisément les horizons nouveaux **ouverts** à la prochaine révolution sociale.

Chaque fois que nous parlons de la révolution, le travailleur sérieux, qui a vu des enfants manquant de nourriture, fronce les sourcils et nous répète obstinément: — « Et le pain? — N'en manquera-t-on pas si tout le monde mange à son appétit? Et si la campagne, ignorante, travaillée par la réaction, affame la ville comme l'ont fait les bandes noires en 1793, — que fera-t-on? »

Que la campagne essaie seulement! Les grandes villes se passeront alors de la campagne.

A quoi s'emploieront, en effet, ces centaines de mille travailleurs qui s'asphyxient aujourd'hui dans les petits ateliers et les manufactures, le jour où ils reprendront leur liberté? Continueront-ils après la révolution à s'enfermer dans les usines? Continueront-ils à faire de la bimbeloterie de luxe pour l'exportation, alors qu'ils verront peut-être le blé s'épuiser, la viande devenir rare, les légumes disparaître sans être remplacés?

Evidemment non! Ils sortiront de la Cité, ils iront dans les champs! Aidés de la machine qui permettra aux plus faibles d'entre nous de donner leur coup d'épaule, ils porteront la révolution dans la culture d'un passé esclave, comme ils l'auront portée dans les institutions et dans les idées.

Ici, des centaines d'hectares se couvriront de verre, et l'homme, et la femme aux doigts délicats soigneront les jeunes plantes. Là, d'autres centaines d'hectares seront labourées au défonceur à vapeur, amendées par des engrais ou enrichies d'un sol artificiel obtenu par la pulvérisation de la roche. Les légions joyeuses de laboureurs d'occasion couvriront ces hectares de moissons, guidés dans leur travail et leurs expériences, en partie par ceux qui connaissent l'agriculture, mais surtout par l'esprit, grand et pratique, d'un peuple réveillé d'un long sommeil, et qu'éclaire et dirige ce phare lumineux — le bonheur de tous.

Et en deux ou trois mois, les récoltes hâtives viendront soulager les besoins les plus pressants et pourvoir à la nourriture d'un peuple qui, après tant de siècles d'attente, pourra enfin assouvir sa faim et manger à son appétit.

Entre temps, le génie populaire, le génie d'un peuple qui se révolte et connaît ses besoins, travaillera à expérimenter les nouveaux moyens de culture que l'on pressent déjà et qui ne demandent que le baptème de l'expérience pour se généraliser. On expérimentera la lumière, — cet agent méconnu de la culture qui fait mûrir l'orge en 45 jours sous la latitude de Yakoutsk : — concentrée ou artificielle, la lumière rivalisera avec la chaleur pour hâter la croissance des plantes. Un Mouchot de l'avenir inventera la machine qui doit guider les rayons du soleil et les faire travailler, sans qu'il soit besoin d'aller chercher dans les profondeurs de la terre la chaleur solaire emmagasinée dans la houille. On expérimentera l'arrosage du sol avec des cultures de micro-organismes, — idée si rationnelle née d'hier, qui permettra de donner au sol les petites cellules vivantes nécessaires aux plantes, soit pour alimenter les radicelles, soit pour décomposer et rendre assimilables les parties constitutives du sol.

On expérimentera.... mais, n'allons pas plus loin, nous entrerions dans le domaine du roman. Restons dans la réalité des faits acquis. Avec les procédés de culture en usage déjà, appliqués en grand, sortis dès aujourd'hui victorieux de la lutte contre la concurrence marchande, nous pouvons nous donner l'aisance et le luxe, en retour d'un travail agréable. L'avenir prochain montrera ce qu'il y a de pratique dans les conquêtes que font entrevoir les récentes découvertes scientifiques.

Bornons-nous présentement à inaugurer la voie nouvelle qui consiste dans l'étude des besoins et des moyens d'y satisfaire.

La seule chose qui puisse manquer à la révolution, c'est la hardiesse de l'initiative.

Abrutis par nos institutions dans la jeunesse, asservis au passé dans l'âge mûr et jusqu'au tombeau, nous n'osons presque pas penser. Est-il question d'une idée nouvelle ? Avant de nous faire une opinion, nous irons consulter des bouquins vieux de cent ans pour savoir ce que les anciens maîtres pensaient à ce sujet.

Si la hardiesse de la pensée et l'initiative ne manquent pas à la révolution, ce ne seront pas les vivres qui lui feront défaut.

De toutes les grandes journées de la Révolution, la plus belle, la plus grande, qui restera gravée à jamais dans les esprits, fut celle où les fédérés, accourus de toutes parts, travaillèrent la terre du Champ de Mars pour préparer la fête.

Ce jour-là, la France fut *une*: animée de l'esprit nouveau, elle entrevit l'avenir dans le travail en commun de la terre.

Et ce sera encore par le travail en commun de la terre que les sociétés affranchies retrouveront leur unité et effaceront les haines, les oppressions, qui les avaient divisées.

Pouvant désormais concevoir la solidarité, cette puissance immense qui centuple l'énergie et les forces créatrices de l'homme, — la société nouvelle marchera à la conquête de l'avenir avec toute la vigueur de la jeunesse.

Cessant de produire pour des acheteurs inconnus, et cherchant dans son sein même des besoins et des goûts à satisfaire, la société assurera largement la vie et l'aisance à chacun de ses membres en même temps que la satisfaction morale que donne le travail librement choisi et librement accompli, et la joie de pouvoir vivre sans empiéter sur la vie des autres. Inspirés d'une nouvelle audace, grâce au sentiment de solidarité, tous marcheront ensemble à la conquête des hautes jouissances du savoir et de la création artistique.

Une société ainsi inspirée n'aura à craindre ni les dissensions à l'intérieur, ni les ennemis du dehors. Aux coalitions du passé elle opposera l'harmonie nouvelle, l'initiative de chacun et de tous, l'audace qu'elle puise dans le réveil de son génie.

Devant cette force irrésistible, les « rois conjurés » ne pourront rien. Ils n'auront qu'à s'incliner devant elle, qu'à s'atteler au char de l'humanité, roulant vers les horizons nouveaux, entr'ouverts par la Révolution sociale.

Paris. — Imp. Panvert, 7 et 9, rue des Fossés-Saint-Jacques.

LA RÉVOLTE

ORGANE COMMUNISTE-ANARCHISTE

Paraissant tous les 8 jours avec un supplément littéraire

Administration : 140, rue Mouffetard.

Prix : 10 centimes le numéro.

ABONNEMENTS

France : Un an, 6 fr. — Étranger, 8 fr.

EN VENTE A LA "RÉVOLTE„

Le Révolté, *septième, huitième et neuvième année cartonnée, chaque*	5 »
La Révolte, *première, deuxième, troisième, quatrième et cinquième année chaque*	6 »
Mémoire de la Fédération jurasienne	2 »
La Société au lendemain de la Révolution	1 »
Prise dans nos bureaux	» 60
Supplément Littéraire de la « Révolte » *collection complète, premier et deuxième volume*	10 »
Le Salariat	» 10
Esprit de révolte	» 10
Les Prisons, *Kropotkine*	» 10
Les Paroles d'un Révolté	1 25
Évolution et Révolution *par Élisée Reclus, 6ᵉ édition (30ᵉ mille)*	» 10
La Conquête du Pain, *Kropotkine*	2 75
La Morale anarchiste	» 10
La Loi et l'autorité	» 10
Peste Religieuse, *de J. Most*	» 05
Portraits de Bakounine et Proudhon	» 50
11 novembre 1887 (eau forte)	1 75
Entre Paysans	» 10
L'anarchie dans l'Evolution Socialiste	» 10
La Société mourante et l'Anarchie *par J Grave*	2 75